# 美丽河湖
# 你我共护

## ——北京市亲水护水治水知识手册

北京市河湖流域管理事务中心　编

U0281044

中国水利水电出版社
www.waterpub.com.cn
北京

## 内容提要

本书聚焦近年来公众对北京市亲水护水治水的多类诉求，图文并茂地介绍了公众关心的北京五大水系与水务新发展目标、北京水利遗产、北京水利工程与河湖管理机构、南水北调工程及北京配套工程、北京河湖长制、河湖水环境质量、滨河空间治理、亲水活动开展、水安全知识、水利设施开放共享等热点问题，有助于公众更好地了解、理解河湖管理与服务情况，对推动北京市河湖环境治理的高质量发展具有重要意义。

本书可作为面向北京市民的亲水护水治水宣传手册，也可供河湖管理与服务领域的读者阅读参考。

## 图书在版编目（CIP）数据

美丽河湖你我共护：北京市亲水护水治水知识手册 / 北京市河湖流域管理事务中心编. -- 北京：中国水利水电出版社，2024.4. -- ISBN 978-7-5226-2439-6

Ⅰ. X520.6-62

中国国家版本馆CIP数据核字第20241FJ394号

| 书　　名 | 美丽河湖你我共护<br>——北京市亲水护水治水知识手册<br>MEILI HEHU NI WO GONGHU<br>——BEIJING SHI QINSHUI HUSHUI ZHISHUI ZHISHI SHOUCE |
|---|---|
| 作　　者<br>出版发行 | 北京市河湖流域管理事务中心 编<br>中国水利水电出版社<br>（北京市海淀区玉渊潭南路 1 号 D 座 100038）<br>网址：www.waterpub.com.cn<br>E-mail：sales@mwr.gov.cn<br>电话：（010）68545888（营销中心） |
| 经　　售 | 北京科水图书销售有限公司<br>电话：（010）68545874、63202643<br>全国各地新华书店和相关出版物销售网点 |
| 排　　版<br>印　　刷<br>规　　格<br>版　　次<br>定　　价 | 中国水利水电出版社装帧出版部<br>河北鑫彩博图印刷有限公司<br>145mm×210mm　32 开本　2.625 印张　86 千字<br>2024 年 4 月第 1 版　2024 年 4 月第 1 次印刷<br>28.00 元 |

# 本书编委会

# 打造让人民满意的幸福河湖

北京是一座依水而建、因水而兴的文明古都。优美的河湖生态环境是最普惠的民生福祉和公共资源，与市民生活休闲、经济文化发展、生态安全等息息相关。城乡河湖环境的好与坏、美与丑直接关系到水务部门工作是否让人民满意。近年来，北京水务工作深入贯彻落实习近平总书记"建设造福人民的幸福河"和"努力创造宜业、宜居、宜乐、宜游良好环境"等部署要求，紧紧围绕首都城市战略定位，聚焦"安全、洁净、生态、优美、为民"治水目标，坚决打赢碧水攻坚战和保卫战，持续推进河湖生态环境复苏，大力推进河湖空间开放共享，深入挖掘水资源、水空间、水文化等水要素服务属性，统筹推动城乡河湖成为新兴的最具活力的生活、生产、生态公共空间。广大市民对水务工作的获得感、幸福感、安全感显著增强，许多河湖成为"网红打卡地"。

河湖空间治理是水公共服务"最后一公里"的重要内容，是水务部门坚持以人民为中心的发展思想、强化社会服务能力的重要载体，必须以广大市民的诉求目标为导向。本书聚焦近年来广大市民对河湖空间治理的多类诉求，图文并茂地介绍了涉及市民切身利益的河湖管理规定以及水务部门提供的各项服务内容，及时回应了市民关心关注的河湖水环境质量、滨河空间治理、亲水活动开展、水安全知识、水利设施开放共享等热点诉求问题，有助于广大市民更好地了解、理解河湖管理与服务情况。同时，也是加快建立涉及河湖未诉先办、主动治理长效为民服务机制的有益探索。

优美河湖是我们共同的家园，创建幸福河湖需要全社会的共建共治。全体水务人应当站在人与自然和谐共生的高度，坚决扛起"保障首都安全、保障首都高质量发展、保障市民高品质生活"的水务使命，全力加强新形势下河湖空间治理与服务、生活生产与生态、保护与发展利用等方面的统筹，携手广大市民奋力建设更多造福首都人民的幸福河湖，为建设美丽北京和国际一流的和谐宜居之都作出更大贡献。

北京市水务局

2024 年 4 月

# 前　言

　　近年来，北京市水务系统坚持不懈推动落实"以人民为中心"的发展思想，把治水为民、水惠民生作为水务工作的根本价值追求，牢牢聚焦"七有"（幼有所育、学有所教、劳有所得、病有所医、老有所养、住有所居、弱有所扶）要求和"五性"（便利性、宜居性、多样性、公正性、安全性）需求，不断提升水服务供给的保障标准、保障能力、保障质量，满足人民群众对水的多样化新需求，让人民群众有更多、更直接、更实在的获得感、幸福感、安全感。

　　做好"接诉即办"是水务部门深入贯彻"以人民为中心"发展思想的具体体现。本书聚焦近年来"接诉即办"工作中市民重点关注的急难愁盼问题，分水务科普、百姓热点、开放共享三个篇章，以图文并茂、通俗易懂的形式，向市民宣传展示北京市水利工程运行管理、河湖环境管理以及滨水空间治理等工作情况，以便于市民了解、支持水务工作，进一步提升河湖和水利设施运行服务水平，让水务发展成果更多更公平地惠及全体市民。

　　本书编写过程中得到了北京市水利工程管理中心及各级河湖管理单位的大力支持，在此谨表示衷心的感谢。

　　限于水平，书中难免存在疏漏及不妥之处，敬请读者批评指正。

编者

2024 年 4 月

# 目录 contents

打造让人民满意的幸福河湖

前言

一、水务科普篇

# （一）北京五大水系与水务新发展目标

大家好！我是小水，是本书内容的主讲人。让我们从中国传统文化中关于水的论述中开启本书阅读之旅吧！

老子有言，"上善若水。水善利万物而不争"，这是对水的奉献精神的经典评价。

孔子有言，"夫水者，启子比德焉。遍予而无私，似德；所及者生，似仁"。意思是，水能普遍地给予而并无私欲，好似很有道德的人；凡是能有水的地方就会有生命，好似很有仁爱的人。

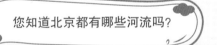

您知道北京都有哪些河流吗？

北京市位于华北平原北部，占地面积 1.641 万平方公里，地势整体呈现西北高、东南低的特点，属温带半湿润半干旱季风气候，夏季高温多雨，冬季寒冷干燥，春、秋短促。北京的河流都隶属海河流域，全市流域面积 10 平方公里以上的河流有 425 条，河道总长 6414 公里。北京拥有五大水系：永定河水系、潮白河水系、北运河水系、大清河（拒马河）水系和蓟运河（泃河）水系。

下面就让小水为您详细介绍一下北京的五大水系！

**（1）永定河水系：**永定河上游有两个分支，分别为发源于内蒙古自治区的洋河与山西省的桑干河，于河北省怀来县夹河村汇合始称永定河，从北京市门头沟区斋堂镇向阳口村入境，于大兴区榆垡镇崔指挥营村出境，北京境内全长172公里，流域涉及北京六个区：延庆区、门头沟区、石景山区、丰台区、房山区和大兴区。

永定河是北京的母亲河，上游冲刷下来的泥沙促进了北京小平原的发育，为北京城的建立和发展提供了广阔的空间和充足的水源，与京西太行山脉一起构成西山永定河文化带。

**（2）潮白河水系：**潮白河由潮河、白河两大支流组成，分别发源于河北省丰宁县和沽源县，两河呈 V 字形分布，自北向南注入密云水库，在密云区河槽村汇合后始称潮白河，于通州区西集镇大沙务村出境，境内全长259公里，流域涉及北京五个区：延庆区、怀柔区、密云区、顺义区和通州区。

潮白河是北运河的重要水源，纵贯顺义南北。历史上的潮白河是一条多变、游荡的河流，其水势湍急，冲堤溃岸，有"逍遥自在河"之称，经常摆动于北运河和蓟运河之间，曾多次改道。

（3）**北运河水系：** 北运河发源于北京市昌平区流村镇，是唯一一条发源于北京境内的河流，北京境内全长 138 公里，其中北关拦河闸以上称温榆河，北关拦河闸以下称北运河，于通州区西集镇牛牧屯村出境，流域涉及北京七个区：昌平区、顺义区、海淀区、石景山区、朝阳区、大兴区和通州区。北运河承担着中心城区 90% 以上的排水任务，是连接中心城区

和城市副中心的生态纽带。历史上北运河是重要的漕运河道，同时也是皇帝沿水路出巡的必经之处，故又被称为"御河"。

（4）**大清河（拒马河）水系：** 大清河发源于河北省涞源县，流域内主要河流有拒马河、大石河、小清河等。其中拒马河从北京市房山区十渡镇平峪村入境，于房山区张坊镇张坊村出境，北京境内全长 43.98 公里，流域涉及北京三个区：房山区、门头沟区和丰台区。拒马河可以说是北京人类文明和城市文明的发源地，周口店

北京猿人遗址、西周琉璃河燕国都城遗址及金陵遗址都位于拒马河流域。

（5）**蓟运河（泃河）水系：** 蓟运河发源于河北省兴隆县，流域内主要河流泃河从北京市平谷区金海湖镇罗汉石村入境，于平谷区东高村镇南宅村出境，北京境内全长 54 公里，流域涉及北京三个区：平谷区、密云区和顺义区。泃河是平谷区泄洪与排涝的主要河道，也是工农业生产和人民生活用水的主要水源，千万年来，

泃河奔流不息，横穿全境，滋养着京东这方土地，由此被平谷人称为"母亲河"。

别看北京有这么多条河流，但北京其实是**一个严重缺水的城市**！

北京年均降水量 569 毫米，降水总量偏少，时空分布不均，全年降水 80% 集中在 7 月和 8 月，这也导致河川径流季节变化大，多年平均径流总量不足。再加上北京人口密集，生产、生活用水量大，因此人均水资源量不足 200 立方米，远低于国际公认的人均 500 立方米的"极度缺水标准"。

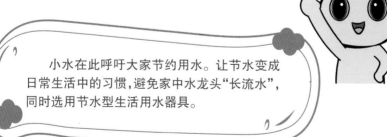

小水在此呼吁大家节约用水。让节水变成日常生活中的习惯，避免家中水龙头"长流水"，同时选用节水型生活用水器具。

**北京市水务新发展目标:**
安全、洁净、生态、优美、为民。

深入实施国家节水行动,加快推进地下水超采治理,建立首都水资源战略储备制度,推进重大战略水务工程建设,持续提升水旱灾害防御能力。

全面实施打赢水环境治理歼灭战第 4 个三年行动和供水高质量发展三年行动。

进一步加强水生态保护修复,加强水生态空间管控,推动出台首都水网建设规划,统筹实施五大流域生态补水,推进流域综合治理和河湖生态复苏。

打造滨水优美水景观,推进历史水系保护恢复,持续提升水利设施运维水平,持续加强河湖空间协同监督和规范建设,开展"水美家园"创建。

推进滨水空间开放共享,开展"水 + 文化""水 + 体育"活动,持续优化水务营商环境,加大水务公共服务力度。

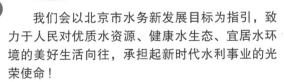

我们会以北京市水务新发展目标为指引,致力于人民对优质水资源、健康水生态、宜居水环境的美好生活向往,承担起新时代水利事业的光荣使命!

# （二）北京水利遗产

您知道什么是水利遗产吗?

水利遗产，指具有重大影响力，或具有显著除害兴利功能价值，或对特定历史时期具有重大影响或突出社会贡献，以物质形态或非物质形态存在的水文化系统遗存。

北京市文物局、北京市水务局先后联合发布两批北京水利遗产名录，包括昆明湖、北海、白浮泉、广源闸、八里桥、清代自来水厂、澄清下闸遗址、什刹海、平津闸、澄清上闸（万宁桥）、金中都水关遗址、卢沟桥、莲花池共 13 处。

昆明湖，北京市海淀区颐和园内湖泊，属海河流域北运河支流通惠河水系，是由水源工程、调蓄水库、节制闸工程、堤坝桥梁等水利工程构成复杂工程体系，展现中国古代水利管理的高超智慧。

北海，西城区北海公园内湖泊，属海河流域北运河支流通惠河水系。元至清三代，中南海与北海水域称太液池，有"燕京八景"之一的"太液秋风"，是现代中国保留下来的历史最悠久，保护最完整的皇城宫苑。

白浮泉，位于北京城北昌平区化庄村东龙山东麓，是元代白浮引水工程的源头，由元代水利学家郭守敬于至元二十九年（1292年）主持开凿修建完成。

广源闸，位于海淀区紫竹院地区五塔寺与万寿寺之间，历史上兼具调水、码头等功能，而且在闸上铺设木板便具有桥的功能，被誉为"长河第一闸"。

八里桥，位于朝阳区东部偏南，始建于公元1446年的明代三孔石拱桥，横跨在通惠河上，是通州至北京大道上的必经之处，因距通州八里而得名。

清代自来水厂，位于北京市东城区香河园路3号，始建于光绪三十四年（1908年），是北京的第一座水厂，展示了清末民初时期北京自来水的水处理工艺流程、厂区风貌，是见证北京城市水务发展的重要实证。

澄清下闸遗址，澄清下闸是由元代著名水利工程专家郭守敬为调节积水潭水位、满足漕船航运需要而建造的重要水工建筑物，是大运河重要人文遗产。

什刹海，是元代科学家郭守敬开凿通惠河时开辟的，作为大运河的终点及漕运目的地，被列入世界文化遗产名录。

平津闸，位于朝阳区高碑店村北，是大运河北京段保存相对完整的一处元代闸口，历经数百年，平津闸至今仍能看出完整的闸型，保存有闸槽等原有建筑构件遗存。

澄清上闸（万宁桥），位于西城区地安门外大街中段，什刹海前海与玉河故道相接之处，是元通惠河二十四闸之一，闸与桥合为一体，兼具水利和交通功能。

金中都水关遗址，位于丰台区右安门外，是国内已发现古代水关遗址中规模最大、保存较完整的遗址，曾获评1990年全国十大考古发现，为金中都城的水系研究提供了重要的实物资料。

卢沟桥，位于丰台区宛平城西侧永定河上，是北京市现存最古老的石造联拱桥，见证了"七七事变"中华民族全面抗战的起点。

莲花池，位于丰台区太平桥街道莲花池南路，是辽南京、金中都城市及宫苑用水的主要水源，更是北京城发展过程的重要遗迹和见证。

水利遗产十分珍贵，是前人智慧的结晶。让我们一起保护好、传承好、利用好这些珍贵的文化财富。

# （三）北京水利工程与河湖管理机构

我们常见的水利工程设施有这几种：

堤防，它是世界上最早广为采用的一种重要防洪工程，作用是约束洪水，将洪水限制在行洪道内。

水闸，它的作用是利用闸门控制流量和调节水位，以发挥防洪、航运、发电等效益。

橡胶坝，它的作用是根据需要调节坝高，控制上游水位，大多用于生态景观。

其他的常见水利工程设施还有水库、泵站、明渠等。

让小水详细地为您介绍北京的两大水库和智慧化泵站。

官厅水库，位于北京市延庆区和河北省张家口市怀来县交界处，库容41.6亿立方米，是中华人民共和国成立后建设的第一座大型水库。

密云水库，位于燕山南麓北京市密云区境内，以防洪、供水为主要功能，总库容43.75亿立方米，是华北地区第一大水库，也是北京重要的地表饮用水水源地、水资源战略储备基地。

前柳林泵站，将南水北调来水梯级加压输送至密云水库，利用数字孪生技术实现运行、调度、维护"三合一"的集中管控模式，实现运行无人式、调度一站式和维修智能式。

上面两图中的桩子是不是很眼熟？这是河湖管理范围界界桩，上面标识有河流名称、管理范围，主要用于标明河道管理范围或者保护范围边界。

在河湖管理保护范围内，依据《中华人民共和国水法》《中华人民共和国防洪法》《中华人民共和国河道管理条例》《饮用水水源保护区污染防治管理规定》《北京市河湖保护管理条例》《北京市节水条例》等法律法规的有关条例，加强河湖保护和管理，改善水生态和水环境，保障河湖防洪、供水功能，维护河湖健康。

《中华人民共和国水法》第四十条：

禁止围湖造地。已经围垦的，应当按照国家规定的防洪标准有计划地退地还湖。

禁止围垦河道。确需围垦的，应当经过科学论证，经省、自治区、直辖市人民政府水行政主管部门或者国务院水行政主管部门同意后，报本级人民政府批准。

《中华人民共和国水污染防治法》第六十五条：

　　禁止在饮用水水源一级保护区内新建、改建、扩建与供水设施和保护水源无关的建设项目；已建成的与供水设施和保护水源无关的建设项目，由县级以上人民政府责令拆除或者关闭。

　　禁止在饮用水水源一级保护区内从事网箱养殖、旅游、游泳、垂钓或者其他可能污染饮用水水体的活动。

《北京市河湖保护管理条例》第三十条：

　　市和区水行政主管部门应当会同生态环境部门按照保护饮用水源安全和人身安全的要求，依法划定并公布禁止游泳、滑冰等水上活动的水域，设置警示标志；在未禁止游泳、滑冰等水上活动的水域，活动人员或组织者应当采取安全防护措施。

　　新、改、扩建河湖工程时，河湖管理机构应当在陡岸、直墙等危险地段设置必要的安全防护设施。

《中华人民共和国河道管理条例》第二十四条：

　　在河道管理范围内，禁止修建围堤、阻水渠道、阻水道路；种植高杆农作物、芦苇、杞柳、荻柴和树木（堤防防护林除外）；设置拦河渔具；弃置矿渣、石渣、煤灰、泥土、垃圾等。

　　在堤防和护堤地，禁止建房、放牧、开渠、打井、挖窖、葬坟、晒粮、存放物料、开采地下资源、进行考古发掘以及开展集市贸易活动。

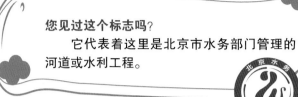

**您见过这个标志吗？**

　　它代表着这里是北京市水务部门管理的河道或水利工程。

凉水河管理处负责管理的大红门闸

　　凉水河管理处和基层闸站都属于河湖管理机构。

　　凉水河管理处主要承担着水利工程运行维护、水资源调度、水生态修复、水环境维护、绿化管护以及水务事务公共服务等职责。

　　基层闸站则直接负责水利工程的运行操作、巡查保护、维修保养等工作。

河湖管理机构的队伍很壮大：

"蓝马甲"水务志愿者：主要负责对河湖开展巡查，及时发现河边或者水利工程附近违法违规、不文明不安全行为等。

河道保洁人员：主要负责河湖管理范围内水环境的保洁工作。

执法队伍：依照水法规对公民、法人或其他组织遵守、执行水法规情况进行监督检查，对违反水法规的行为依法实施行政处罚及其他行政措施等行政执法活动。

除了他们，我们还有其他伙伴在为北京水务工作默默奉献。

# （四）南水北调工程及北京配套工程

为解决我国北方水资源短缺问题，毛泽东同志在 1952 年明确地提出了南水北调构想。

经过数十年规划研究，南水北调工程总体布局为东、中、西三条线路，分别从长江流域下、中、上游调水。

南水北调中线工程 2014 年全面建成通水。截至 2024 年 4 月，北京市累计接收"南水"超 97 亿立方米，相当于约 690 个西湖。北京市 1600 余万民众从中受益，超七成市民喝上南水。

大宁水库

丹江口水库

团城湖调节池工程

您知道南水是怎么来的吗？

南水北调中线工程从丹江口水库调水，经河南省南阳市陶岔渠首闸（向中国北方送水的"水龙头"）放水，后经湍河渡槽（中线工程中单跨跨度最长、施工难度最大的渡槽）、沙河渡槽（工程综合规模世界第一的渡槽）、穿黄工程（实现长江与黄河的"握手"，世界上绝无仅有）、焦作穿城工程（中线工程唯一一段穿越中心城区的工程）、西黑山节制闸（自此中线干线工程分为两路，一路到北京，一路到天津），一路北上至团城湖明渠（中线干线工程北京段唯一一段明渠），线路全长 1432 公里。

为充分利用南水，北京市建设了配套工程。南水进京后首先到达惠南庄泵站，接着沿双排 PCCP 管道到达大宁调压池，随后分两路，一路向北沿西四环暗涵到达团城湖，最后沿京密引水渠和九级加压泵站到达密云水库，形成一条西南至东北的输水动脉；一路沿南干渠到达亦庄调节池，形成一条输水环路。此外还有大兴支线、通州支线、河西支线等，累计建成南水北调中线干线 80 公里、市内配套输水管线约 130 公里，新增调蓄设施 3 处。

亦庄调节池工程

您了解南水北调工程给北京市带来的效益吗?

**1** **极大缓解了北京水资源紧缺。**已基本建立"外调水、地表水、地下水、再生水、雨洪水"五水联调的水资源保障体系。

**2** **增加了北京水资源战略储备。**

地表水:密云水库蓄水量在 2021 年达到 35.79 亿立方米,创建库以来最高纪录,并持续稳定在 30 亿立方米左右高储量运行。

地下水:截至 2024 年 4 月全市平原地区地下水位较 2014 年末回升约 11 米,地下水储量增加超 56 亿立方米。

**3** **改善居民用水水质。**南水水质始终稳定在地表水环境质量 Ⅱ 类以上,2022 年在亦庄调节池发现了对水质要求很高的桃花水母。

您知道北京市南水北调工程都有哪些工程管理内容吗?

**1** **水质监测:** 南水北调中线工程沿途均设置了自动监测和移动监测设备，北京设置"入京、入城、入厂"三道防线与水质监测系统。以亦庄调节池工程为例，在 2021 年底引进水质综合毒性生物预警系统，通过生物鱼对水体的自然反应实时监测水质情况。

**2** **管道监测:** 输水管道沿线布置了压力计、流量计、水位计等专业仪表，不断监测管道运行数据，并配有专业人员 24 小时值守监测数据，每日进行对比分析。

**3** **工程保护:** 出台《北京市南水北调工程保护办法》，划定工程用地控制范围及水源保护区，每天派出巡检人员对管线开展执法巡查，排除安全隐患。

水质自动监测装置

管道监测

日常巡查

饮水当思源。作为受水区的北京，珍惜用好每一滴"南水"，是对水源地人民最好的回馈!

重要通知

# （五）北京河湖长制

您知道什么是河湖长制吗？

河湖长制是各地依法依规落实地方党政领导河湖管理保护主体责任的一项制度创新。河湖长制坚持问题导向，以水资源管理、水污染治理、水环境治理、水生态治理、水生态空间管控、水旱灾害防御、水岸共治、科技治水、执法监督管理等为主要任务，通过构建责任明确、协调有序、监管严格、保护有力的治水管水机制，加快提升水治理现代化水平，不断提高水生态健康水平。

北京城市副中心"五河交汇地区"（温榆河、小中河、通惠河、北运河及运潮减河交汇处）的美丽景色

您知道河湖长制的由来吗？

河湖长制既是治水机制也是责任制，全面推行河湖长制是习近平总书记亲自谋划、亲自部署、亲自推动的重大制度改革和体制机制创新。

2003 年 10 月，浙江长兴县在全国率先试行河湖长制。2008 年起，浙江省陆续试点推行河湖长制。2008 年，江苏在太湖流域全面推行"河湖长制"。2013 年，浙江省全面实施河湖长制。

2017 年元旦前夕，习近平总书记在新年贺词中提到："每条河流要有'河长'了"，千万条哺育着中华儿女的江河有了专属守护者。

您了解北京市河湖长制
政策依据吗?

2016 年 6 月，北京市出台了《北京市实行河湖生态环境管理"河长制"工作方案》。2017 年 7 月，北京市出台了《北京市进一步全面推进河长制工作方案》。2022 年年底，北京市出台了《关于进一步强化河（湖）长制工作的实施意见》，更加有力地推进河湖长制工作向精细化、深层次、高质量迈进。至今北京市水环境水生态已经取得显著成效，河湖环境面貌焕然一新。

北京市河湖长制有哪些成效?

北京市全面建立河湖长制，设立市、区、乡镇（街道）、村四级河湖长 5300 余名，健全完善了河湖长制配套制度体系。截至 2023 年年底，全市污水处理率达到 97.3%，国家考核断面水体优良比例达 68%，劣 V 类断面全面消除。永定河自 1996 年断流以来首次实现全线全年有水，干涸多年的 81 处泉眼复涌，水生动植物种群稳步增加，白鹭、苍鹭、黑鹳等一批珍稀水禽成为常客留鸟，水生态健康状况持续改善，平稳应对历史罕见的"23·7"极端强降雨，主要河湖实现了水清、岸绿、安全、宜人。经过近几年的不懈努力，我市河湖长制从"有名"到"有实"，从全面建立到全面见效。

永定河生态补水

门头沟灵山泉水复流

亮马河轻舟夜游

潮白河白鹭展翅起舞

人人都可以是"河长""湖长",良好的生态环境需要大家一起努力。我们欢迎您随时加入,把保护环境、爱护江河作为我们共同的目标!

二、百姓热点篇

# （一）河湖水草治理

您了解水草吗？

水草，一般指可以生长在水中的草本植物。城市河湖中有多种不同类型的水草，常见的水草有荇菜、苦草、鸭舌草、黑藻、金鱼藻等。

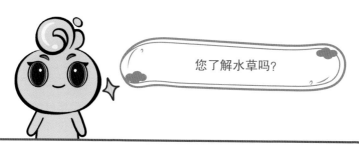

荇菜

苦草

鸭舌草

黑藻

金鱼藻

影响水草生长的因素有哪些呢？

水草的生长情况受季节、水温、日照等多种自然因素的影响。例如，水中养分过剩，气象条件合适，湖泊水位下降或清淤不彻底都会导致水草大量繁殖。水位下降后，深水区的水草会暴露在水面上，此时阳光和空气可以充分照射和通风，为水草的生长提供良好的外部环境。

您知道水草对环境的作用吗?

　　水草的最大功用是能够进行光合作用,为水体提供氧气的同时吸收水中的有害元素,从而消除污染、净化水质。不仅如此,水草还是许多水生动物的栖身地和庇护所,也是许多动物(如蜗牛、水鸭等)的食物,保证了水生环境生物的多样性。

您知道水草对环境的危害吗?

　　每年的3月至4月是水草的最佳生长季节,在适宜条件下水草极易在短时间内生长过盛,就像这样:

还有这样:

肆意生长的水草危害河湖环境

过度生长的水草在死亡腐烂后，会大量消耗水中的氧气，造成水生动物死亡、水质变差，也会影响河道正常行洪。

不过，不要担心，我们在行动！

水草清理打捞

除此之外，我们还这样做：

北京市凉水河管理处实现了水草处理的一体化、自动化、无害化和资源化利用，通过水草转运、上料、粉碎－压榨－废液处理、半成品出料分仓、发酵等工序，将水草废弃物转变为有机肥，实现了水草的高效资源化利用。

凉水河水草处理

29

北京市清河管理处新研发的"新型水草切割收集船"，集切割和打捞功能于一体，可同时进行切割与打捞，具有对水草泛滥应急处理速度快、效率高、安全风险小等优点。

新型水草切割收集船

北京市北运河管理处使用手机App软件精准巡查和保洁联动，针对不同水草出动不同割草船等，以提升水草清割的高效环保。

我们将出台《水草高效管护技术指南》，科学管控水草生长，既保证水体的自净能力，又能实现水草减量目标。维护河湖健康我们一直在行动！

# （二）雨后河道异味与雨污处理

每逢降雨，通过河道行洪排放道路积水，路面上的部分垃圾、泥土、污物会通过雨水箅子、边沟、管道等排水管网一并冲进河道，造成局部、短时的水体污染，严重时可能还会出现零星死鱼。

下面，就让小水为您解答为何会出现上述现象。

水往低处流，河流是每个地区地势最低的地方。所以，下雨是"城市洗澡"，造成垃圾入河，雨后水面垃圾是平时的3倍以上，大量的雨水夹杂着污水、垃圾冲进水体，引起水浑浊。

降雨还会使得河流流速增大，河流搬运能力上升，一些在低速状态下沉淀的泥沙会被河水带起搬运，使得河流浑浊。不仅如此，下雨时气压低、缺氧，河底水生动物感到憋闷，会频繁到水面透气，搅浑河水。

雨后河道

工作人员进行水质检测

部分河道水体流动性差，在污染发生后河道水质恢复时间长。雨后气温回升，水体中细菌类等微生物繁殖迅速，加速对水中溶解氧的消耗，造成部分鱼类特别是对溶解氧敏感的水生态健康指示性鱼类的死亡。

马口鱼

宽鳍鱲（qí liè）

鳑鲏（páng pí）

雨后会使河道中化学需氧量迅速升高，水中氮、磷等营养物质增加，破坏水体平衡，导致水体雨后返黑返臭。

您知道化学需氧量吗？

化学需氧量（简称 COD）的多少反映了水中受还原性物质污染的程度，水中的还原性物质包括有机物、亚硝酸盐、硫化物、亚铁盐等。COD 越高，说明水体受有机物的污染越严重。

哇!!

针对雨后河水浑浊、异味、零星死鱼等问题，我们采取这几种措施。

科学调配水资源，结合天气预报实际情况，雨前，通过适当减小向河道的生态补水流量，配合河道降低水位以满足防洪安全需要；雨后，根据水库实际情况，在确保水库安全的前提下尽可能多拦蓄雨水，并结合河道管理单位实际需求，适时恢复甚至增大向河道的生态补水流量，加速污染水体流动排泄，助力快速恢复优美水环境。

在雨季来临前，组织实施清管行动，对河道沿线的雨水箅子、边沟、排水口等可能产生影响的入河部位，进行集中整体清掏，减少降雨冲积和管道沉积垃圾脏物入河。雨前加强河道周边环卫作业。

什么是清管行动呢？

清管行动是城市运行管理中的一项经常性、基础性工作，主要是对雨水、雨污合流管涵及附属雨水口（雨水箅子）等雨水设施内垃圾、淤泥等污染物进行清掏，保障排水畅通，减少污染物进入河湖，保持优美水环境。

降雨过后，河湖保洁工作人员及时开展水面打捞作业，加大水面清洁力度，启动雨后保洁应急预案，加大人力、保洁船只等力量投入，快速清理水面漂浮污染物，降低雨后对水体的持续影响。

适度投撒生物友好型制剂，消解水中营养盐，助力及时改善水体臭味、异味。

维护河湖健康需要我们大家一起努力，不向雨水箅子乱扔垃圾，不恶意倾倒油污废水，树立环保理念和绿色文明意识，和小水一起为实现水清岸绿、人水和谐的目标而努力！

# （三）河道摇蚊治理

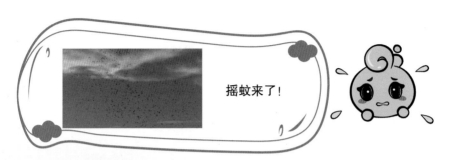

摇蚊来了！

　　摇蚊，英文名 non-biting midges，翻译过来就是不咬人的虫，是一类十分常见、耐受性极强的水生昆虫，在各类水体中均有广泛分布。

　　虽然也叫蚊，但摇蚊和我们平常说的普通蚊子属于不同的生物类别，它的口器不像蚊子那么发达，不吸血，所以摇蚊不传播疾病。

　　您知道吗？摇蚊的幼虫是红虫，是钓鱼爱好者们常用的鱼饵之一。

摇蚊的口器

蚊子的口器

　　摇蚊幼虫主要以水底的有机碎屑为食，能够加速水体物质循环中有机物质的矿化，消除有机污染物的污染，起到净化水质的作用，并且摇蚊幼虫擅长吸收水体中的铅等有害物质，在一定程度上可以修复水质，同时它还是重要的生物资源，是天然的鱼类饵料。

　　那摇蚊为什么会喜欢在人身边飞来飞去？一是人们呼出的二氧化碳会吸引摇蚊；二是人们皮肤表面汗液的乳酸或其他成分气味会吸引摇蚊。

防治摇蚊，我们在行动。

沿河进行药物消杀，在喷洒药剂前，我们会提前提醒游河市民；对部分区域进行重点防治，加大打药频次，同时放置粘蚊板对摇蚊进行捕杀。

药物消杀

清管行动

清掏排水管道

放置粘蚊板

对河道内的排水边沟、雨水箅子、雨水管线进行清掏，清理蚊虫的孳生地。

利用河道现有水利工程，调整河流流速，使河道水位升高，冲击摇蚊虫卵栖息地。

脉冲调水实验

药物消杀

联合属地政府，采取步调一致、共同治理的防治措施，减少摇蚊孳生。

摇蚊不是蚊子，面对空中飞舞的摇蚊，大家不必担忧，小水正在通过多种组合拳治理摇蚊，也希望市民朋友们在消杀作业时请勿围观，以免引起意外事故。同时请您看管好自己的孩子、宠物等，防止误入消杀现场发生中毒和过敏现象。

# （四）滨河路设施管理维护

滨河路不仅是河道巡查、水工维护、水环境保障的工作道路，也为群众出行、休闲锻炼带来方便。针对滨河路上的路灯、栏杆、隔离桩、标识牌等设施出现的突发问题，我们也会采取多种管理措施，做到及时发现、及时处置。

对于路灯，我们这样管理：

将路灯巡视检查纳入日常工作，发现路灯不亮等问题，联系维修队伍及时处理。

研发河湖景观灯远程控制系统，利用手机控制供电线路，对景观灯实现实时监控。当出现跳闸、没电、启闭时间错误等小问题时，工作人员可以通过手机 App 直接对路灯远程操控，不用再一个一个去现场调试，大大提高了工作效率。

按照"自管路灯全年开闭时间表"，开展全段管辖范围内路灯时间控制器的调整，以保障早出晚归的上班族、学生及周边居民的夜间出行安全。

加强与属地人员的沟通，提前发现、解决路灯问题。构建起监督闭环，通过固定的联系方式，促进监督、维修、反馈全程沟通，达到良好效果。

路灯灯杆上装有标识牌，标明编号、维修监督电话，方便群众咨询建议。

除了路灯，我们也在积极维护其他滨河路设施。

隔离桩损坏　　　护坡损毁　　　滨河路破损　　　青白石栏杆破损

河道护坡维修

步道维修

安装隔离墩

滨河路道路破损现场测量

　　通过加强日常巡查，我们及时发现并采取积极的措施维修滨河路设施。小水在此感谢大家对我们工作的支持与监督，让我们一同携起手来共建美丽新河湖！

谢谢

# （五）滨河路乱停车问题管控

滨河路边经常能看到这种情况，面对乱停车，我们这样做：

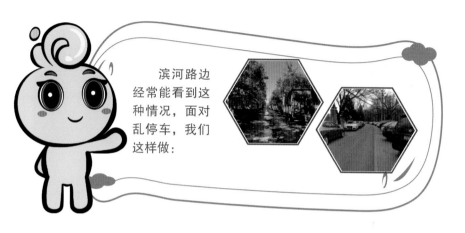

人防：张贴违停告知单、联系车主，积极劝导违停车主将车辆挪走。

物防：施划标识黄线、安装禁停标牌、设置阻车设施，防止车辆乱停行为。

技防：当发现滨河路乱停车时，您只需在微信小程序中搜索"随手拍"，点开小程序"北京交警随手拍"，注册登录后，即可对违停车辆进行拍照记录，交管部门将根据随手拍上报内容，对违停车辆进行处罚。

联防：联合属地交管部门，持续开展滨河路禁停宣传，全力保障滨河路畅通。

　　滨河路治理稳步推进，小水邀请您共同参与治理，如果发现乱停车问题，您只需通过微信小程序"北京交警随手拍"上报，交管部门会及时对违法车辆进行查处。快拿手机行动起来，和小水一起努力维护滨河路的畅通安全。

# （六）河湖水上运动管理

注意！这些地方禁止垂钓、游泳、皮划艇、游船等水上活动。

根据《中华人民共和国水污染防治法》《北京市水污染防治条例》规定，饮用水水源保护区禁止从事垂钓、游泳等可能污染水源的活动。北京市水务、生态环境部门联合发布《关于划定市管河道水库禁止游泳滑冰水域的通告》，明确密云水库、京密引水渠渠首至颐和园段、南水北调干渠明渠段、怀柔水库库区、斋堂水库库区、大宁水库库区、三家店调节池等 7 处市属河湖饮用水水源保护区内禁止从事垂钓、游泳等可能污染水源的活动。游船与垂钓、游泳一样属水上娱乐活动，受上述法律法规限制。

为满足广大市民垂钓、皮划艇等水上活动需求，我们利用改善后的河湖环境，陆续开辟了25处滑冰场，修建了600余处河湖垂钓平台，开辟了不少皮划艇水上活动区域。

市民开展水上活动

垂钓推荐地点：主要集中在昆玉河、永定河、永引渠、护城河、北运河等。

垂钓平台

皮划艇、桨板等活动推荐地点：海淀区八一湖、朝阳区奥林匹克森林公园、门头沟区门城湖、房山区青龙湖、怀柔区雁栖湖等。

八一湖（一）

八一湖（二）

雁栖湖

冰场、雪场推荐地点：海淀区八一湖冰场、门头沟区门城湖冰雪场、丰台区晓月湖冰雪场、石景山区北京冬季奥林匹克公园冰雪场、朝阳区温榆河冰场等。

皮划艇、桨板等活动，需要结合水岸特点，在符合规划布局、防汛安全和河湖管理等有关规定的前提下，选择具备一定水深的水面空间，为社会公众亲水体验需求提供条件。

冬奥公园

水上活动内容应满足行业管理要求，水源保护区、水务设施管理区、水流急速变化区等区域不得开展相关活动。承载滨水活动的永久性配套设施不得建在河道主流区和滩地淹没区。

全国电动冲浪板联赛（北京大运河站）

不得采用高堰挡水、筑坝蓄水、挖湖造景、连续梯级挡水等方式为滨水活动刻意营造水面。采用多元化的运营方式开展滨水活动，落实活动运营单位主体责任，确保滨水活动安全有序。

重要通知

为满足大家的亲水需求，小水根据相关法律法规不断开辟水上活动区域，越来越多市民朋友加入到水上运动中。在此，小水提醒广大市民朋友在进行水上活动前要做好热身运动，穿戴好相关安全装备，遵守规则，合理运动。

# （七）河湖防溺水宣传

**重要通知**

请注意！请注意！玩水、戏水的人员请注意！

水下情况复杂，不仅有淤泥水草，还存在局部紊流、漩涡、弯道环流和暗流等。而且水下温度低，低温水流会导致腿抽筋，特别危险！

## 导致溺水发生的主要行为

捡拾、捕捞鱼虾

盲目下水或盲目施救

未充分热身

游"野泳"

玩水时嬉戏打闹

身体状况不适等其他原因

小水提醒您，在水边游玩，不宜有下列行为：

儿童不宜在无家长或教师带领的情况下游泳

不宜到无安全措施、无救援人员的水域游泳

不宜到不熟悉的水域游泳

不熟悉水性的人员不宜擅自下水施救

## "叫叫伸抛" 溺水施救法

**叫**：立即拨打 119、110，呼叫专业人员救援，同时拨打 120 请求医疗救援。

**叫**：向周围大声呼救，寻求专业救生人员的救援。

**伸**：将身边的竹竿、树枝等伸递给溺水者，在确保自己位置安全的基础上拉回溺水者；在身边没有竹竿、树枝的情况下也可就地取材，伸递衣物、木板等。

**抛**：将救生圈、救生衣、气球及饮料瓶等漂浮物抛出，或将固定好的绳索抛给溺水者。

　　每年的 7 月 25 日为世界预防溺水日。为倡导市民群众文明亲水、安全亲水，避免因不安全行为发生涉水事故，北京市水务局开展了系列汛期暑期防溺水专项行动。

　　对照河湖等滨水空间涉水风险点位台账，集中增设一批警示标识、警戒线及救援防护设施，推进落实一个警示牌、一个救生圈、一根救生绳、一根救生杆"四个一"建设。设置智能语音播报、视频监控等装置，通过"人防＋技防＋物防"叠加互补，全力提升风险点位防控能力。

我们为您的安全提供一道保障。

防溺水安全巡查　　　　　　　　设置救生设施

我们进行劝导、开展宣传，引导您安全游河湖。

劝导危险区域钓鱼人员

张贴防溺水宣传海报　　　　　　开展防溺水宣传活动

防溺水安全教育进校园活动

夏季天气炎热，溺水事故高发，尤其是儿童因为身心发育不全，对潜在危险的认识不足，最容易成为溺水事故的受害者。因此小水提醒家长要看护好孩子，做好防溺水安全教育，提高安全防范意识，避免因不安全行为发生涉水事故。

# （八）山洪、泥石流防范与自救知识

山洪是指由于降水诱发，在山区沿河流及溪流形成的暴涨暴落的洪水。其具有季节性强、来势凶猛、破坏性大、区域性明显的特点。

泥石流是指由降水诱发，在沟谷或山坡上形成的挟带大量泥沙、石块和巨砾等固体物质的特殊洪流。其具有突然性以及流速快、流量大、物质容量大和破坏力强等特点。

## 山洪、泥石流暴发前的各种预兆

山地发生山崩或沟岸侵蚀，山上树木发出沙沙的扰乱声，山体出现异常的山鸣，河流有异常臭味。

在山体附近坡面有不稳定因素的情况下易发生山崩和泥石流。

在上游雨量增大或发生崩塌时，溪沟容易出现异常洪水且流水浑浊。

上游河道发生堵塞，溪沟内水位急剧降低。

在流水突然增大时，溪沟内出现明显不同于机车轰鸣、风雨、打雷的声音，这可能是因为泥石流的巨石撞击而产生。

请远离山洪沟道！

海河"23·7"流域性特大洪水灾害破坏情况

如遇到山洪暴发被困山中，要选择在高处平坦的地方等待救援，无通信工具可寻找树枝和其他点燃物，点燃并产生浓烟，引起救援人员的注意。

三、开放共享篇

# （一）开放共享的水利设施

您知道吗，为了满足群众的需求，北京市在保障水利工程安全和防洪安全的基础上，陆续改造并开放了多处水利设施。

## 1. 温榆河公园

温榆河公园位于北京市朝阳区、顺义区和昌平区三区交界，清河、温榆河两河交汇处，是北京城市最大的"绿肺"。

鸢屋

飞瀑叠翠

公园根据林、田、水风貌，划分为森林乐谷区、梯田湿地区、花溪锦田区、活力东湖区和探险森林区等五个区域；通过水脉串联鸢屋、飞瀑叠翠、蒹葭照水、芸上梯田等多个景点，为周边百万居民提供了休闲、健身、娱乐的好去处，并成为千万市民的后花园。

兼葭照水

芸上梯田

## 2. 永定河中堤

　　永定河中堤位于卢沟桥以下永定河河道西侧和滞洪水库东侧之间，北京市水务局在保障永定河工程安全和防洪安全的基础上，对永定河中堤水利工程设施进行了提升改造，将其打造为集文化科普展示、骑行和健步等户外运动体验于一体的亲自然、高品质的综合滨水休闲空间。

　　当您在永定河中堤休闲游玩时，遇到任何问题都可以拨打我们的服务热线：010-63590055或应急呼叫热线：010-63590057（开放时间 7：00-18：00），我们将第一时间与您联系。希望市民朋友们能在骑行健步过程中注意对自然生态环境的保护，减少对野生动植物的打扰。也欢迎为我们提供宝贵的意见建议，共创和谐美丽的河湖滨水空间！

打造永定河中堤综合滨水休闲功能，我们在行动。

## 3. 西蓄工程

西蓄工程是北京市"西蓄、东排、南北分洪"的城市防洪体系中的重要部分。西蓄是指利用西郊雨洪调蓄工程、南旱河蓄滞洪区、颐和园、玉渊潭湖、昆玉河、永定河引水渠等蓄滞洪水，减少北京西部地区的雨洪水进入中心城区，确保城区防洪安全。

西蓄工程于 2019 年 9 月正式免费对外开放，成为北京市首座对市民开放的民生水利工程。西蓄工程设置了 3 个人行门，同时还增设了一键呼叫系统、高清摄像头和滨水环路围栏等安全设施。保安人员做到 24 小时不间断巡视。

便民服务

## 4. 滨水骑行、步道路线

您知道北京市的9条滨水骑行、步道线路吗?

它们是温榆河左右岸堤路慢行系统、北运河骑行系统、运潮减河左右岸堤路慢行系统、泃河巡线路、沟河巡线路、清河巡河路慢行系统、永定河中堤、凉水河绿道、妫水河森林公园骑行线路。

# （二）爱国主义及水情教育基地

北京市水务局为传承弘扬创新水文化，开放了 4 处爱国主义教育基地（南水北调团城湖明渠纪念广场、官厅水库、密云水库、十三陵水库），并申报了 5 处国家水情教育基地（北京节水展馆、槐房再生水厂、北京自来水博物馆、北京市南水北调团城湖调节池工程、十三陵水库）。

让我们看看它们的风采吧！

## 1. 南水北调团城湖明渠纪念广场

　　南水北调团城湖明渠纪念广场地处南水北调中线干线工程的终端地区，2018年被命名为北京市爱国主义教育基地。基地以饮水思源、节水惜水为宣传教育主题，主要分为室内、室外两个参观区，由南水北调工程展、南水北调明渠纪念广场、大型实物设备展区、团城湖调节池等部分组成，全方位、多角度、立体化地展示南水北调工程建设、运行以及工程效益发挥情况。鉴于该区域为北京城区重要水源地，南水北调团城湖明渠纪念广场目前仅面向团体开放，并需按要求完成安全审查相关程序。

　　参观地址：北京市海淀区四季青乡船营村100号。

　　开放时间：工作日9：00—17：00。

　　预约电话：010-61657752。

　　注意：仅接受团体预约。

南水北调工程展

南水北调明渠纪念广场

大型实物设备展区

团城湖调节池

## 2. 官厅水库

官厅水库

官厅水库位于北京西北约 80 公里的永定河官厅山峡入口处，于 1951 年 10 月开工、1954 年 5 月竣工，是中华人民共和国成立后兴建的第一座大型水库，是永定河上最重要的控制性枢纽工程，是阻挡永定河洪水威胁北京的重要屏障，也是首都的重要水源地。

官厅水库爱国主义教育基地由展览馆和 4 个现场教学点（官厅水库大坝、八号桥水质净化湿地工程、黑土洼人工湿地工程、妫水河入库口水质净化湿地工程）组成。其中，展览馆建筑面积 400 平方米，展出图片 300 余张，展陈书籍、报纸、水工物件等历史实物 150 余件，围绕永定河洪灾泛滥、水库规划建设、运行管理、水源保护四条主线，全方位、多角度、立体化地展示官厅水库的建设发展史。八号桥水质净化湿地工程、黑土洼人工湿地工程、妫水河入库口水质净化湿地工程直观展示入库水质的改善、生态环境的恢复以及官厅水库对于永定河生态复苏的重要意义。

参观地址：河北省张家口市怀来县官厅镇北京市官厅水库管理处。

开放时间：工作日 上午 9：00—12：00、下午 13：00—15：00。

预约方式：提前两个工作日电话预约。

预约电话：0313-6877078，0313-6877076。

注意：仅接受团体预约，参观人数控制在 50 人以内。

八号桥水质净化湿地工程

黑土洼人工湿地工程

## 3. 密云水库

密云水库围绕"市情水情教育""节水护水教育""爱国主义教育"等目标开展工作，努力让市民直观感受到密云水库的巨大效益，进一步感受我国的制度优势，感受水库建设的不易，促进节水型社会建设。

密云水库

密云水库爱国主义教育基地外景

密云水库爱国主义教育基地分为室外实物展陈区和室内展示区两个参观区域。参观结合图片展板、历史资料、多媒体互动、实物器械等全方位、多角度、立体化地展示密云水库的建设、运行以及工程效益发挥情况。

参观地址：北京市密云区溪翁庄镇北京市密云水库管理处。

咨询电话：010-69012552-3238、010-69012552-3102。

注意：接受团体及个人预约。

密云水库室内展示区

# 4. 十三陵水库

十三陵水库位于北运河水系的温榆河北支东沙河上，水库上游有德胜口沟、碓石口沟、上下口沟和老君堂沟四条天然河道，水库以上流域面积为 223 平方公里。十三陵水库是一座集防洪、保障十三陵蓄能电厂发电用水、跨流域生态水量调节于一身的综合水利设施。

十三陵水库

十三陵水库展览室展陈

2021 年，十三陵水库被命名为北京市爱国主义教育基地，基地现有展室面向社会公众预约开放，展室由十三陵水库大坝、纪念碑公园两部分组成，通过图片展板、多媒体互动、宣传画册、宣传片、历史文物展示等形式，全方位、多角度、立体化地展示十三陵水库的建设历史、水利工程设施运行以及生态功能作用等情况。

其中，十三陵水库大坝长廊东、西两间展室建筑面积约为 100 平方米，展览设 6 部分，分别为"前言、伟大奇迹 时代凯歌、众志成城 无私奉献、砥砺奋进 铿锵前行、人水和谐 润泽民生、结束语"。纪念碑公园面积约 151 亩，内设有水库纪念碑、党员宣誓牌等设施。纪念碑主体为大理石镶砌，方形柱状，顶微内收，镌刻着伟人题词，顶端雕塑着十三陵水库建设者群像。

十三陵水库同时还是北京市国家水利风景区之一，于 2001 年获评首批国家水利风景区，并于 2022 年入选《红色基因水利风景区名录》。

参观地址：北京市昌平区十三陵水库纪念碑公园、大坝长廊。

开放时间：工作日上午 9：00—11：00、下午 13：30—15：30（参观时长约 90 分钟）。

预约电话：010-60711899-6127。

注意：仅接受团体预约。

十三陵水库纪念碑

## 5. 北京节水展馆

北京节水展馆

北京节水展馆位于北京市海淀区，是一个面向社会公众开放的以水的知识和节约用水为主要内容的科普性展馆。展览馆只有一层，分南北两个大厅，馆内展出了包括自来水的由来、人体含水量测试、节水器具展示、雨水利用等几十件类别不同的展品，参观者还能亲自参与操作，加深对水的了解。

参观地址：北京市海淀区恩济庄 46 号 C 区（近恩济西街）。

开放时间：全年周二至周日 9：00—16：00。

无需预约，免费进入。

咨询电话：010-88159532。

注意：接受个人及团体参观。个人无需预约，免费进入；团体需提前两天预约。

展示区域

# 6.槐房再生水厂

　　槐房再生水厂位于北京市区西南部，是亚洲最大的地下再生水厂，污水处理设计规模为 60 万立方米／日，污泥处理设计规模为 1220 吨／日，是一座绿色低碳、环境友好、社会和谐的生态再生水厂。其地上建造约 15.6 万平方米的人工湿地公园，恢复了曾经的"一亩泉"湿地景观。

　　地址：北京市丰台区槐房西路与通久路交叉路口向北 100 米。

　　开放时间：周一至周三上午面向个人开放，周五面向团体开放。

　　预约电话：010-67966731。

槐房再生水厂

## 7. 北京自来水博物馆

北京自来水博物馆建于 2000 年，是由北京市自来水集团出资兴建向公众免费开放的行业博物馆。该博物馆由科普馆、通史馆、印章展（暂缓开放）和清末自来水厂旧址（暂缓开放）4 个展区组成，占地面积 3 万平方米，是一座集文物收藏、展陈、保护、研究、教育功能于一体的综合性博物馆，也是宣传节约用水、科学用水的重要阵地，为广大市民提供了一个全面感受北京自来水百余年历史文化、了解水资源现状、城市供水安全和自来水制水工艺的现代化科普教育平台。

参观地址：北京市东城区东直门外香河园街 3 号。

开放时间：周三至周日 9：00—16：00，15：30 停止入馆。（周一、周二闭馆）

参观方式：向观众免费开放。个人观众凭身份证、护照、驾驶证和其他有效身份证件登记入馆参观，无需预约；团体观众可在开放日 9：00—15：30 进行电话预约（010-64650787），预约时需提供预约日期、入馆时间、团体 / 单位名称和人数等信息。

北京自来水博物馆

室内展区

室外展区

# 后 记

　　特别感谢侯秀丽、魏臣学、张国宇、杨丽颖、桂彬、胡嘉、李伟、张恺跃、吴鸿旭、郭玥、苏涛、张琳娜、刘阳在本书编写及后续工作中给予的支持。

责任编辑　夏　爽
封面摄影　张亚民

微信号：Waterpub-Pro

唯一官方微信服务平台

销售分类：科普读物

ISBN 978-7-5226-2439-6

9 787522 624396 >

定价：28.00 元